CULTURE INDUSTRIELLE

DE

LA RÉGLISSE

SES USAGES EN MÉDECINE HUMAINE ET VÉTÉRINAIRE

DANS LA PRÉPARATION DES TABACS, ETC.

Par M. Arthur FÉNÉON

Extrait du *Bulletin de la Société d'Agriculture*

de Vaucluse (mars 1886)

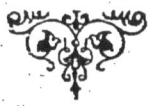

AVIGNON

SEGUIN FRÈRES, IMPRIMEURS-ÉDITEURS

—

1886

CULTURE INDUSTRIELLE

DE LA RÉGLISSE

CULTURE INDUSTRIELLE

DE

LA RÉGLISSE

 SES USAGES EN MÉDECINE HUMAINE ET VÉTÉRINAIRE

DANS LA PRÉPARATION DES TABACS, ETC.

Par M. Arthur **FÉNÉON**

Extrait du *Bulletin de la Société d'Agriculture de Vaucluse* (mars 1886)

AVIGNON

SEGUIN FRÈRES, IMPRIMEURS-ÉDITEURS

—

1886

CULTURE INDUSTRIELLE

DE

LA RÉGLISSE

SES USAGES EN MÉDECINE HUMAINE ET VÉTÉRINAIRE

dans la préparation des tabacs, etc.

———————

MESSIEURS,

Ayant eu occasion de m'entretenir avec M. Duprat, notre collègue, et M. Florent, de la plante qui fait l'objet de leur commerce, la réglisse, l'idée que la culture de cette légumineuse pourrait être rémunératrice dans la plupart de nos terrains consacrés autrefois à la garance s'est présentée naturellement à mon esprit.

Il m'a donc semblé utile de soumettre à l'appréciation de la Société les renseignements qui m'ont été donnés par MM. Duprat et Florent et les documents que j'ai recueillis dans certains ouvrages, notamment dans l'*Encyclopédie* de MM. L. Moll et le *Dictionnaire d'histoire naturelle* de d'Orbigny.

N'est-il pas d'abord très extraordinaire qu'une plante d'un usage si répandu dans le monde entier, qui donne lieu à un commerce considérable, ne se rencontre pour ainsi dire nulle part en grande culture et qu'on se contente d'extraire la racine des plantes qui croissent spontanément au bord des ruisseaux, dans les lieux frais et sablonneux, en Espagne, en Italie, en Grèce, en Syrie et dans tout l'Orient ?

Non seulement on obtiendrait par la culture dans notre région des rendements plus élevés, des produits plus beaux et d'une extraction plus facile, mais, par le semis des graines, on parviendrait à créer des variétés douées de qualités supérieures, plus douces ou plus sucrées que les racines sauvages.

Il en a été ainsi pour la garance, qui, importée de la Perse à l'état sauvage, est devenue par la culture la plante si riche en matières colorantes qui a fait la fortune de nos départements du midi pendant de longues années. Plus favorisée que cette dernière, la réglisse, une fois implantée chez nous à titre de culture rémunératrice, ne serait pas exposée à se voir supplantée par un produit similaire tiré de corps inorganiques.

Deux raisons principales militent en faveur de la culture de la réglisse dans le midi : augmentation et amélioration des produits, assurance pour le marché français d'être toujours approvisionné.

Actuellement le suc ou jus de réglisse que l'on extrait de la racine n'a pas toujours la saveur douce et légèrement sucrée nécessaire pour son emploi dans

la droguerie, la confiserie et la pharmacie. Les racines
de la Grèce et de l'Orient, et même, dans certains
terrains, celles d'Italie et d'Espagne, donnent un suc
âcre et amer. Aussi est-il rare de trouver dans deux
magasins des sucs de réglisse identiques. La culture
dans notre région atténuerait certainement dans une
large mesure l'âcreté du principe qui accompagne
toujours le principe émollient de la glycyrrhisine.

En ce qui concerne la facilité de l'approvisionne-
ment, bien que cette industrie soit déjà très prospère
en Catalogne et surtout en Calabre et en Sicile, les
fabricants, presque tous nobles et grands seigneurs
dans ces derniers pays, ont peine à suffire à toutes
les demandes qui leur sont faites, parce qu'on s'en
est tenu, presque exclusivement jusqu'ici, à l'exploi-
tation des racines non cultivées.

Aussi arrive-t-il fréquemment que le marché français
n'est pas suffisamment approvisionné et que nos fabricants ne peuvent se procurer qu'à titre onéreux les
quantités de bois de réglisse qui leur seraient nécessaires. Cette rareté de la marchandise se produit
principalement à la suite de razzias pratiquées par les
Américains en Espagne et en Italie, tant sur le suc que
sur la racine de réglisse. Sachant à propos user largement et suivant leurs convenances du système protec-
tionniste, ils ont appliqué, au moment de la guerre
de sécession, un droit prohibitif de 60 0|0 sur les sucs
de réglisse en laissant les bois entrer en franchise.
Les sucs ne pouvaient dès lors pénétrer chez eux

que par la frontière du Canada et en contrebande (1).
Avec l'extention de cette culture dans le midi, nos
fabricants pourraient largement s'approvisionner sur
place, et il resterait encore assez de cette matière
première pour l'exportation en Amérique. Au lieu de
tirer ce produit de l'étranger, nous en deviendrions
exportateurs, au grand profit de la richesse na-
tionale.

La réglisse utilisée dans le commerce est la réglisse
officinale (Glycyrrhisa glabra), qu'il ne faut pas confon-
dre avec la réglisse hérissée (Glycyrrhisa echinata).
Cette dernière croît aussi spontanément en Italie et
spécialement en Grèce et en Orient. C'est l'espèce dont
les anciens se servaient, ce qui l'a fait appeler la
réglisse de *Dioscoride*. Ses propriétés sont les mêmes
que celles de la réglisse officinale, mais le suc obtenu
par extraction est plus amer. On la trouve plus
fréquemment dans les jardins du nord de la France,
et surtout des environs de Paris, parce qu'elle en
supporte mieux les hivers rigoureux. Ce n'est, du
reste, qu'un objet de curiosité, car, de même que sa
congénère, la réglisse officinale, elle a peu d'agréments

(1) Le marché français a été également mis à la gène à la suite de la déter-
mination généralement prise par les negociants espagnols de ne plus envoyer
la réglisse par bateaux à Marseille et à Cette. Les courtiers de ces deux places,
à l'arrivée de la marchandise, offraient des prix dérisoires, et les vendeurs
étaient obligés de payer un droit pour amarrer leurs bateaux et de louer un
magasin en ville. En abandonnant ces deux ports, ils ont forcé les négociants
français à aller chez eux faire leurs achats.

Enfin, cette année, l'exportation étant impossible à cause du choléra, on
n'a pas extrait de racines de réglisse en Espagne, et pour s'en procurer on
est obligé de faire, avec des commissionnaires, des marchés à livrer.

extérieurs, et ses racines, sous ce climat, sont âcres ou insipides (1).

Il semblerait donc qu'en France on aurait avantage à cultiver la réglisse officinale, surtout dans le midi où ses racines acquièrent un plus grand développement et une saveur plus sucrée que dans le nord. Et pourtant, par une anomalie singulière, c'est à Bourgueil, dans l'Indre-et-Loire, que cette culture a pris le plus d'extension. Dans le midi, autant que des recherches trop rapidement faites me permettent de l'affirmer, on s'est borné à des essais. Ainsi, M. Duprat, à Montfavet, dans un terrain caillouteux de garrigue, a obtenu des racines très bonnes et très douces, mais très noueuses et non marchandes, c'est-à-dire qu'elles ne pouvaient être utilisées que pour la chaudière, par suite de la mauvaise qualité du sol.

M. de Bouchaud, au château de Roussan à St-Remy, récoltait également de très bons produits. Dans Avignon même, à St-Martial, il y a 30 ans, un plant provenant de l'ancien jardin de la ville avait acquis, en deux ans, 40 mètres carrés de surface. Enfin, il y a 15 ou 20 ans, on voyait passer dans les rues de Caumont, se rendant à Avignon, d'énormes charrettées de réglisse, et les enfants du village, qui happaient quelques bribes au passage, la trouvaient excellente.

C'est à peu près dans ces limites restreintes que s'est tenue la culture de cette plante. Pourquoi ne s'est-elle pas développée à Caumont ? Indépendamment de tout

(1) Cours d'Agriculture de l'abbé Rozier, revu par les membres de l'Institut, an 1809.

motif particulier, il ne faut pas perdre de vue que la
garance a été longtemps une culture exclusive dans
notre région et dont aucune autre ne pouvait supporter
la concurrence dans les mêmes terrains, et que tout
ce qui ne donnait pas un rendement aussi élevé était
promptement mis de côté. Mais aujourd'hui qu'elle
n'est plus là pour remplir la modeste escarcelle du
cultivateur et les coffres-forts des négociants, nous
sommes très heureux qu'on ait bien voulu nous
accorder la culture du tabac, que nous avions autrefois
dédaignée, et nous accepterons de même très volon-
tiers la betterave à sucre, le maïs et même la réglisse
dès qu'il nous sera démontré que ces cultures peuvent
être suffisamment rémunératrices.

Est-il sage de s'adonner exclusivement à la vigne ?
L'avenir nous le dira ; mais il ne faudrait pourtant
pas trop imiter le joueur qui met toute sa fortune sur
une seule carte.

Les faibles essais de culture de la réglisse dans le
midi ont pourtant suffi pour mettre en lumière un fait
important : *les racines sont de bonne qualité* (1).

Quant aux débouchés de cette marchandise, ils ne
nous manqueront pas. Des fabriques existent déjà à
Avignon, à Uzès, à Nîmes, à Marseille et probablement
aussi sur d'autres points, et la facilité de l'ap-
provisionnement ne tarderait pas à en créer de nou-

(1) Nos produits seraient de plus belle apparence, plus fins et d'un par-
fum plus agréable, mais pas tout à fait aussi sucrés qu'en Espagne et en
Italie, la différence étant, en fait, assez peu sensible. On estime, d'ailleurs
que ce serait plutôt un avantage à cause de leur moindre âcreté.

velles. On se passera, à la rigueur, des fabricants; il
suffira, par un bon séchage et un triage bien entendu,
de mettre la réglisse dans des conditions marchandes,
et on la vendra aisément et en pouvant attendre le
moment favorable, aux droguistes de France et de
l'étranger, les bois de choix de 0ᵐ30 de longueur et
de 7 à 12 millimètres de diamètre ayant une vente
indéfinie. On pourra même les livrer après ratissage,
cette opération ayant été faite sans frais, comme le
teillage du chanvre, par toute la famille réunie dans
les longues veillées de l'hiver. Une production vauclu-
sienne de 2 à 3 millions de kilog. serait sûrement et
avantageusement écoulée, en faisant entrer en ligne
de compte le marché américain, si absorbant pour la
matière première.

La culture appropriée à cette plante et les terrains
qui lui conviennent nous sont également connus,
nous en parlerons tout à l'heure. Il ne resterait qu'une
inconnue à dégager : le rendement par hectare.

Nous admettrons, comme point indiscutable, que,
par la culture, les racines prendraient un développement bien plus considérable qu'à l'état naturel, et
que les poids par hectare seraient de beaucoup aug-
mentés. La réglisse rendrait certainement en poids
infiniment plus que la garance avec de moindres frais
de culture. Ses racines, fortes, traçantes et droites,
ont souvent plusieurs mètres de longueur ; celles qui
rencontrent un obstacle le contournent jusqu'à ce que
la pointe puisse pénétrer droit, et elles prennent en
grosseur ce qu'elles ne peuvent développer en lon-

gueur. Les frais se réduiraient presque à ceux de la plantation et de l'arrachage, les racines de la réglisse étouffant souvent les autres plantes.

Les prix moyens des racines en sorte, en gare de Marseille ou de Cette, sont de 20 à 40 francs les 100 kilog. secs, suivant mérite. Franchise entière est laissée à l'entrée en France de la racine, les sucs seuls supportent un droit de 4 fr. 50 les cent kilog.

Les fabricants, du reste, pourraient l'acheter *verte*, c'est-à-dire de suite après l'arrachage, parce qu'elle fournit un suc plus abondant et de meilleure qualité. C'est à l'état vert et frais qu'elle est vendue à Bourgueil, et c'est en vert qu'elle est traitée par les fabricants d'Italie. Pour la traiter en vert on devra, dans le midi, modifier un peu la fabrication.

« A Bourgueil on livre chaque année au commerce
« 150.000 kil. environ de racines marchandes, valant
« de 50 à 75 fr. les 100 kil. La récolte moyenne serait
« de 5.000 kilog. par hectare, et en prenant le prix
« moyen de 62 fr. 50, on aurait un produit de 3,125 fr.
« pour trois ans, soit un rendement brut annuel
« de 1042 fr.

« Il se consomme annuellement en France pour
« plus d'un million de francs de racines et de jus de
« réglisse, provenant en grande partie de l'Espagne et
« des Deux-Siciles. Notre production indigène ne
« dépasse guère 250.000 kilog. de racines obtenues
« sur 50 hectares, soit une valeur moyenne de 156.250
« francs (1). »

(1) Encyclopédie de MM. Moll.

Nous avons à constater un écart considérable entre les prix pratiqués à Bourgueil et ceux des produits venus de l'étranger, mais il peut s'expliquer par l'état des racines qui sont longues, droites, de bonne grosseur et faciles à ratisser et par l'amélioration des produits en quantité et qualité obtenues par le traitement de la racine en vert.

En second lieu, la production de 5.000 kilog. par hectare paraît bien inférieure à celle que nous obtiendrions dans notre climat plus chaud du midi. Mais pour être définitivement fixés sur le rendement par hectare dans Vaucluse, quelques essais sont nécessaires. J'ai l'intention de consacrer moi-même une petite parcelle de terrain à la réglisse, et je suis persuadé que quelques membres de notre Société voudront bien, en raison de l'importance que cette culture pourrait prendre dans notre région, sacrifier, si sacrifice il y a, un lopin de terre pour que l'essai soit concluant.

Si les terrains de la station agronomique et de l'école d'irrigation sont propices à cette culture, nous demanderions à MM. Pichard et Coste de vouloir bien tenter cet essai.

Il sera facile, croyons-nous, de se procurer des racines fraîches soit à Bourgueil, soit à l'étranger. Le Bureau de notre Société pourrait en faire la demande à la Société d'Agriculture d'Indre-et-Loire, ou écrire, pour avoir des plants de choix, au consul de Tortose ou à celui de Saragosse. Pour éviter la moisissure des racines, on les ferait venir par grande vitesse quand les terrains seraient prêts pour la plantation.

Pour les personnes qui désireraient faire des semis, on demanderait de la graine au mois d'octobre (1). On découvrira peut-être aussi quelques plants dans Vaucluse ou les départements voisins. Enfin la réglisse officinale existe certainement dans les jardins de l'école du Luxembourg à Paris.

Ainsi que nous l'avons vu, les rhizomes de la réglisse, vulgairement appelés racines, prennent un développement considérable que l'on peut encore favoriser par la culture et le choix du terrain. Il faut un sol léger, meuble, profond, riche, frais ou à l'arrosage, mais non humide, pour produire des bois longs, droits et surtout lisses, les plus appréciés du commerce. Les terrains de la Barthelasse, de l'Oiselay, de paluds et généralement tous ceux où prospérait la garance conviendraient très bien à la réglisse. Elle serait productive aussi à Caumont et dans les autres alluvions sablonneuses de la Durance impropres à la culture du tabac; les terres pierreuses, argileuses, trop sèches ou marécageuses ne pourraient donner que des produits peu abondants ou défectueux. Néanmoins la réglisse, très vivace, produisant beaucoup, peut vivre dans n'importe quel terrain. Plantée sur les berges des canaux et sur les talus des chemins de fer, par l'entrelacement de ses racines longues et fortes comme des cordages, elle soutiendrait les terrains bien mieux que la luzerne et autres plantes employées à cet usage. Enfin, on pourrait en tirer un rendement

(1) On en trouverait même encore dans les *sotos* ou emplacements où la réglisse est en certaine abondance.

énorme tout en l'utilisant en certains points des bords
du Rhône ou de la Durance, principalement dans les
îles, pour empêcher les terrains en formation d'être em-
portés par les fortes crues. Les chaussées complantées
en réglisse seraient indestructibles, et les terrains qu'elle occuperait à côté recevant chaque année par submer-
sion une couche nouvelle de limon, il se formerait une
épaisseur de racines d'une grande puissance et dont
l'extraction serait des plus lucratives. En Espagne, on
a payé, en 1859, le droit d'extraction de la réglisse
sur un terrain d'un hectare environ situé au bord d'une
rivière, dans les conditions ci-dessus, la somme énorme de 36.000 francs, et l'acheteur a fait une très bonne
affaire. L'épaisseur de la couche de racines avait la
hauteur d'un homme.

Ceci répond à une objection très sérieuse faite dans
la dernière séance à l'introduction de la culture de la
réglisse dans Vaucluse. Il est bien inutile, disait-on,
de faire des frais de culture pour une plante qui croît
naturellement et si abondamment en Espagne qu'on
est obligé de payer pour en débarrasser les terres,
comme on le fait en France pour le chiendent. Il est
très vrai que lorsque M. Barre Ernest, fabricant de
réglisse à l'Habitarelle, entre Nîmes et Alais, est allé
en Espagne extraire de la racine, où le payait dans les
premiers temps pour cette extraction ; mais ensuite,
d'autres fabricants l'ayant imité, on lui accorda seulement l'autorisation d'extraire, et, en dernier lieu, il
fallut payer un droit allant jusqu'à 5 fr. par 100 kilog.
verts et bien davantage quand il y avait abondance

de bois. Même en Orient, où le bois est de très mauvaise qualité, on prélève un droit d'extraction.

Ayant réfuté l'une des deux objections qui ont été faites, je répondrai à la seconde, ainsi formulée : Un des fabricants les plus importants de la région n'aurait pas conseillé cette culture.

Je suis autorisé à donner l'explication qui suit : Ce fabricant a dit, en effet, que la culture de la réglisse ne pourrait pas remplacer celle de la garance dans le département de Vaucluse, mais il n'a pas développé les motifs de son assertion.

La nature des terrains lui paraissait généralement trop forte pour balancer l'avantage de l'absence de tous frais de culture dans les pays étrangers. Mais ces frais seront compensés : 1° par la plus grande quantité de bois de choix qu'on doit obtenir ; 2° par la nature spéciale de certains terrains, les terrains sablonneux, par exemple, s'ils ne sont pas grevés d'un loyer trop élevé. Dans ces conditions, ce fabricant estime que cette culture serait avantageuse.

Que la réglisse ne puisse à elle seule remplacer la garance, nous en sommes tous convaincus. Mais que, concurremment avec d'autres cultures, elle contribue, dans une certaine mesure, à combler le vide laissé par la garance, c'est tout ce que nous avons voulu démontrer, et la réponse ci-dessus confirme en les résumant les explications que nous avons données.

Nous avons maintenant à traiter de la culture, proprement dite, qui nous sera bien vite familière, car elle est la même que celle de la garance. J'emprunterai néanmoins à l'Encyclopédie de MM. Moll la description du mode de procéder adopté à Bourgueil :

« On défonce le terrain à la charrue, ou mieux,
« à la bêche, après l'avoir abondamment fumé sur
« toute son épaisseur (0ᵐ50) à 0ᵐ60), Pour cela, on
« opère par raies ou par bandes avec une charrue et
« une fouilleuse, avec une bêche, un pic et une pelle.
« Dans ce sol ameubli on creuse, au printemps, des
« fosses de 0ᵐ40 de profondeur, de 0ᵐ30 en carré et
« distantes les unes des autres de 0ᵐ75 environ. Au
« fond de cette fosse on place de jeunes racines
« garnies de chevelu, on les recouvre de 0ᵐ15 de terre
« meuble et ensuite d'une couche de fumier ; on sarcle
« et on bine, et à la fin de l'automne on comble les
« fosses. Pendant la seconde année on bêche le sol
« au printemps et on sarcle pendant toute la belle
« saison, suivant le besoin, et de même encore
« pendant la 3ᵉ année, afin d'entretenir le terrain
« propre et meuble. On pourrait également planter à
« l'automne.

« C'est à la fin de la 3ᵉ année qu'on récolte les
« racines, de la fin d'octobre à la fin de février, par
« un temps un peu humide. On défonce le terrain
« à la bêche et à la pioche, recueillant toutes les
« racines et mettant à part celles qui sont propres
« au commerce et celles, plus petites, réservées
« pour la plantation. Les premières sont disposées
« en bottes, de 0ᵐ40 à 0ᵐ50 de tour, et portées
« dans une cave fraîche ; les secondes sont mises en
« terre aussitôt que possible. Quant aux tiges, elles

« ont été coupées à la fin de l'automne, bottelées et
« séchées : on les emploie en hiver au chauffage du
« four. La plantation peut s'opérer à nouveau sur le
« même sol, en creusant les fosses dans l'intervalle
« que laissaient entre elles celles qu'on vient de
« récolter. »

On placera les plants à 0^{m}30 ou 0^{m}40 les uns des
autres, pour garnir immédiatement tout le terrain. Si
on plante à 0 m. 50 ou 1 m., on devra, par la suite,
coucher les tiges dans les intervalles des plants entre
eux.

Ajoutons que la réglisse jouit des propriétés du
topinambour, de se reproduire indéfiniment sur la
même terre, quelque soin que l'on mette à extraire les
racines. Et comme l'arrachage est une très bonne
façon, puisque le sol est remué de fond en comble, on
pourrait laisser repousser les brindilles qui restent
dans la terre en se bornant à des repiquages où se
présenterait un vide. Cette culture simplifiée aurait ses
avantages, si en réduisant presque à zéro les dépenses,
on n'en diminuait pas trop le rendement.

« La plus grande difficulté, dit M. Florent, que
« rencontrera en grande culture le bois de réglisse
« sera le séchage de ce bois.

« En Orient, où les pluies d'hiver sont peu con-
« sidérables et la température plus élevée, on se
« contente de le mettre en plein air en paquets d'en-
« viron 0 m. 90 de longueur et du poids d'environ
« 40 kilog. On place ces paquets sur deux poutrelles
« parallèles couchées sur le sol, laissant ainsi un

« intervalle de 0 m. 15 à 0 m. 20 entre le sol et les
« paquets, où l'air circule librement. Une seconde
« rangée de paquets est mise sur la première, et ainsi
« de suite jusqu'à environ 2 mètres de hauteur.

« De temps à autre, et par un jour de beau temps,
« on défait le tas, on fait prendre l'air à chaque
« paquet et l'on refait le tas.

« En Espagne, on sèche rarement en plein air.
« C'est presque toujours sous des hangars, et l'on
« opère avec les précautions indiquées ci-dessus.

« Dans notre région, où la température est plus
« basse et la pluie plus fréquente, on devra toujours
« abriter les paquets sous des hangars fixes ou
« provisoires, en défaire le tas plus souvent et lorsque
« le temps est favorable, pour le refaire ensuite.

« Sans ces précautions, la moisissure envahit le bois
« et l'avarie plus ou moins.

« Une légère moisissure que l'on n'a pas laissé durer
« n'altère pas beaucoup le bois ; mais, si on la laisse
« trop longtemps, il contracte un goût de moisi, et sa
« couleur jaune citron tourne au jaune brun pour
« arriver jusques au brun noir, qui annonce alors une
« avarie profonde, enlevant au bois presque toute sa
« valeur. »

La difficulté signalée par M. Florent existe également pour le tabac, comme elle existait pour la
garance, et elle sera aisément surmontée. Indépendamment de la qualité propre du bois, les bons soins
donnés au séchage contribueront pour une large part
à le faire classer dans les premières catégories, celles

payées le prix le plus élevé. Le mistral, dont on
faisait une objection très sérieuse à l'introduction de
la culture du tabac dans Vaucluse, rendra plus facile
et plus prompte la dessiccation des racines de la
réglisse.

La réglisse, soit à l'état naturel, soit en extrait,
sert aux usages les plus variés en pharmacie, confiserie, droguerie, épicerie. Les vétérinaires en font
des électuaires pour les animaux ; elle sert aux
liquoristes et aux brasseurs pour la préparation de
l'absinthe et de la bière.

En pharmacie elle est employée contre la toux et
les maladies de la peau. On en fait des tisanes
adoucissantes et pectorales pour les affections de la
poitrine, les inflammations, etc. Sa saveur très sucrée
la fait également employer pour édulcorer d'autres
tisanes et remplacer le sucre. Réduite en poudre,
elle sert à rouler les pilules et les empêcher d'adhérer
entre elles et masque leur amertume. Elle plaît beaucoup aux enfants, et on la met entre les mains de ceux
dont la dentition s'effectue, de préférence à ces ho-
chets de verre ou de corail qui ne servent, à raison
de leur dureté, qu'à faire naître sur les gencives des
callosités qui rendent la sortie des dents plus difficile.
Sa décoction se vend l'été, à Paris et ailleurs, comme
boisson rafraîchissante sous le nom de coco.

L'extrait de réglisse est aussi employé comme
adoucissant et pectoral, mais il est plus échauffant.
Il entre en grandes proportions dans la préparation
des tabacs à priser et à chiquer, surtout dans la
Virginie et le Maryland.

On dispose des couches alternatives de jus de réglisse et de feuilles de tabac et, après fermentation complète, on fait une pâte homogène que l'on découpe en lanières pour la livrer à la consommation.

Le tabac à priser du Maryland doit sa renommée à une certaine proportion du suc de réglisse.

On prépare l'*extrait* de réglisse en France, mais surtout en Italie, et il nous arrive sous forme d'une matière noire solide, en bâtons de 15 centimètres. Il est connu sous les noms de suc de réglisse ou jus de réglisse et aussi sous celui de réglisse. Il est souvent mal préparé et a besoin d'être épuré pour en faire usage. Après épuration, mêlé de gomme, de sucre et de parfums, il fournit des pâtes et des tablettes de saveur agréable d'un fréquent usage dans les rhumes. La saveur sucrée du rhizome de réglisse, saveur qui se retrouve encore chez quelques autres légumineuses particulièrement chez le *trifolium Alpinum* ou *réglisse de montagne,* est due à un sucre fermentescible et incristallisable, entièrement différent du sucre de canne : c'est la glycyrrhysine (1). Elle est le principe immédiat de la réglisse : les acides étendus d'eau précipitent sa solution en une masse jaune, translucide qui redevient soluble par les alcalis.

Pure et réduite en poudre, si l'on en verse un dixième de gramme dans un verre d'eau, elle s'y fond

---

(1) *Dictionnaire d'Histoire naturelle* de d'Orbigny et *Cours d'Agriculture* de l'abbé Rozier, revu par les membres de l'Institut.

et donne une boisson sucrée, agréable et hygiénique. Son pouvoir sucrant est de cinquante fois celui du sucre de canne.

Malheureusement, elle a été, sous le nom de poudre de coco, souvent mal préparée, sophistiquée par des éléments étrangers, et le public, après en avoir fait une grande consommation, l'a beaucoup délaissée. Les fabricants devront désormais ne la livrer qu'à l'état de pureté, s'ils veulent ramener la faveur du public.

Au contraire, la pharmacie militaire en a étendu grandement l'usage, soit dans les ambulances soit dans ses hôpitaux. A Marseille, elle ne s'est pas contentée d'en acheter à divers fabricants, elle en a fabriqué elle-même et a employé l'année dernière à cet usage 150,000 kilog. de bois (1).

Comme vous le voyez, Messieurs, les emplois de la réglisse sont nombreux et considérables, et nous pouvons tenter sa culture avec la certitude d'un écoulement facile de nos produits.

A. FÉNÉON.

(1) Notes de M. Florent.

CARTE SCHÉMATIQUE

DES SECTIONS RECONNUES DES CONGLOMÉRATS

DES FORMATIONS DU WITWATERSRAND

ET DU BLACKREEF

par R. de ROLAND

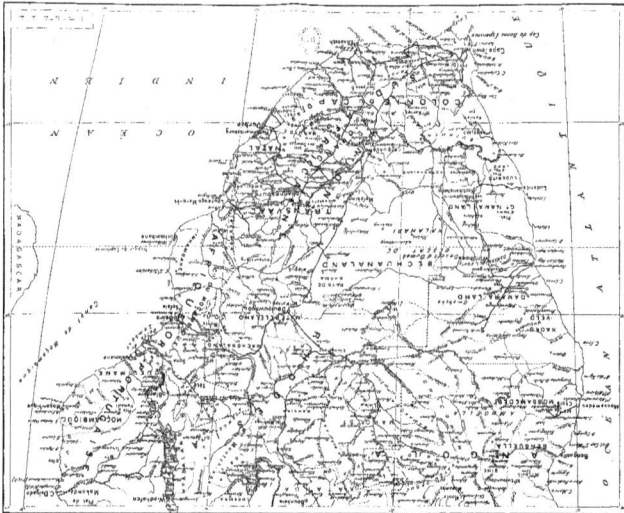